U0240900

这样买更优惠

综合应用　数与代数

贺　洁　薛　晨◎著　　哐当哐当工作室◎绘

北京科学技术出版社

世界上还有什么比放假更令人兴奋的？那就是——放很多很多天的假！

超市正在举办周年庆活动，门口贴着商品优惠海报。倒霉鼠只顾着看墙上的海报，一不留神，头撞在了玻璃门上。"哎呀！真倒霉！"

平时买两盒草莓味的饼干要花 10 元，今天只用 7.5 元，省了 2.5 元。而且，妈妈也爱吃草莓味的饼干。

倒霉鼠决定今天买两盒草莓味的饼干。

第二件
5折

10元/盒

小猫咪牌酸奶

　　在酸奶区，倒霉鼠看到了"打折"的标签。几折是把原价分为 10 份，取其中的几份，即购买价格是原价的十分之几。我们可以这样计算：5 折就是取其中 5 份；8 折就是取其中的 8 份。

隔壁就是饮料区，勇气鼠正在帮熊猫阿姨搬东西。箱子好重啊！

　　"单买一瓶橙汁要 6 元，买 10 瓶就是 60 元。一箱里有 10 瓶橙汁，只需 50 元。是不是买一箱更划算呢？"熊猫阿姨说。

　　"呀，我刚才只看了袋装花生的价格！"勇气鼠说。

　　勇气鼠回到刚才拿花生的货架旁。一盒花生的价格是 20 元，里面有两袋 500 克的花生。而一袋 500 克的花生，价格是 12 元。勇气鼠打算买 8 袋花生，怎样买更划算呢？

"哎哟！"在奶酪区，捣蛋鼠一不小心撞到了试吃台。

和美丽鼠一起打扫完地面后，捣蛋鼠买了3盒奶酪。一盒奶酪16元，现在有"买二赠一"的活动，今天买3盒奶酪要花多少钱呢？

拿了奶酪后，捣蛋鼠和美丽鼠一起去了服装区。美丽鼠看上了一条 68 元的新裙子。

"买一条新裙子的钱，能买多少奶酪啊？"捣蛋鼠心想。但看到美丽鼠开心的样子，他什么也没说。

　　倒霉鼠和勇气鼠也来到了收银台。倒霉鼠买了37.5元的东西，勇气鼠买了80元的东西。在美丽鼠和捣蛋鼠的提醒下，他们俩也用上了满减优惠。

这次购物省下来
不少钱，鼠宝贝们被
一个新问题难住了：
这些钱该归谁呢？

图书在版编目（CIP）数据

这样买更优惠 / 贺洁，薛晨著；哐当哐当工作室绘. —北京：北京科学技术出版社，2021.8（2021.12 重印）

（数学的萌芽）

ISBN 978-7-5714-1538-9

Ⅰ. ①这… Ⅱ. ①贺… ②薛… ③哐… Ⅲ. ①数学 – 儿童读物 Ⅳ. ① O1-49

中国版本图书馆 CIP 数据核字（2021）第 082983 号

策划编辑：阎泽群　代　冉　李丽娟
责任编辑：张　艳
封面设计：沈学成
图文制作：天露霖文化
责任印制：李　茗
出 版 人：曾庆宇
出版发行：北京科学技术出版社
社　　址：北京西直门南大街16号
邮政编码：100035
电　　话：0086-10-66135495（总编室）　0086-10-66113227（发行部）
网　　址：www.bkydw.cn
印　　刷：北京利丰雅高长城印刷有限公司
开　　本：889 mm×1194 mm　1/32
字　　数：13千字
印　　张：1
版　　次：2021年8月第1版
印　　次：2021年12月第3次印刷
ISBN 978-7-5714-1538-9

定　　价：339.00元（全30册）

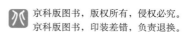